从蜡烛到电灯的

发明

大建筑发明

10

嘉兴小牛顿文化传播有限公司　编著

四川大学出版社

SICHUAN UNIVERSITY PRESS

项目策划：唐　飞　王小碧
责任编辑：宋彦博
责任校对：廖仁龙
封面设计：呼和浩特市经纬方舟文化传播有限公司
责任印制：王　炜

图书在版编目（CIP）数据

从蜡烛到电灯的发明：10大建筑发明 / 嘉兴小牛顿
文化传播有限公司编著 . — 成都：四川大学出版社，
2021.4
　　ISBN 978-7-5690-4115-6

　　Ⅰ . ①从… Ⅱ . ①嘉… Ⅲ . ①创造发明－世界－少儿
读物 Ⅳ . ① N19-49

中国版本图书馆 CIP 数据核字（2021）第 001326 号

书　名	从蜡烛到电灯的发明：10大建筑发明

CONG LAZHU DAO DIANDENG DE FAMING: 10 DA JIANZHU FAMING

编　著	嘉兴小牛顿文化传播有限公司
出　版	四川大学出版社
地　址	成都市一环路南一段 24 号（610065）
发　行	四川大学出版社
书　号	ISBN 978-7-5690-4115-6
印前制作	呼和浩特市经纬方舟文化传播有限公司
印　刷	河北盛世彩捷印刷有限公司
成品尺寸	170mm×230mm
印　张	5.5
字　数	69 千字
版　次	2021 年 5 月第 1 版
印　次	2021 年 5 月第 1 次印刷
定　价	29.00 元

◆ 读者邮购本书，请与本社发行科联系。
　　电话：(028)85408408/(028)85401670/
　　(028)86408023　邮政编码：610065
◆ 本社图书如有印装质量问题，请寄回出版社调换。
◆ 网址：http://press.scu.edu.cn

四川大学出版社
微信公众号

编者的话

在现今这个科技高速发展的时代，要是能够培养出众多的工程师、数学家等优质技术人才，即能提升国家的竞争力。因此STEAM教育应运兴起。STEAM教育强调科技、工程、艺术及数学跨领域的有机整合，希望能提升学生的核心素养——让学生有创客的创新精神，能综合应用跨学科知识，解决生活中的真实情境问题。

而科学家是怎么探究世界解决那些现实问题呢？他们从观察、提问、查找到实验、分析数据、提出解释等一连串的方法，获得科学论断。依据这种概念，"小牛顿"编写了这套《改变历史的大发明》——通过人类历史上80个解决问题的重大发明，以故事的方式引出问题及需求，引导孩子思索蕴藏其中的科学知识和培养探索精神。此外，我们也

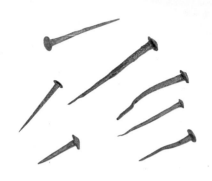

希望本书设计的小实验，能让孩子通过科学探究的步骤，体验科学家探讨事物的过程，以获取探索和创造能力。正如 STEAM 最初的精神，便是要培养孩子的创造力以及设计未来的能力。

这本书里有……

📖 发明小故事

用故事的方式引出问题及需求，引导我们思索可能的解决方式。

科学大发明

以前科学家的这项重要发明，解决了类似的问题，也改变了世界。

⏳ 发展简史

每个发明在经过科学家们进一步的研究、改造之后，发展出更多的功能，让我们生活更为便利。

💡 科学充电站

每个发明的背后都有一些基本的科学原理，熟悉这些原理后，也许你也可以成为一个发明家！

✋ 动手做实验

每个科学家都是通过动手实践才能得到丰硕的成果。用一个小实验就能体验到简单的科学原理，你也一起动手做做看吧！

目　　　录

1 如何越过山谷？ ……………………………………02

2 如何建造良好的道路？ …………………………10

3 如何把衣服挂在墙上？ …………………………18

4 如何建造一座不被洪水冲垮的桥？ ……………26

5 如何建造坚固的海堤？ …………………………34

6 如何让室内光线充足而风又吹不进来？ ················42

7 如何妥善处理污水？ ················50

8 如何用灯具来照亮夜晚呢？ ················58

9 如何创造凉爽的环境？ ················66

10 如何建造不倒塌的大楼？ ················74

如何越过山谷？

采集山上的果子和狩猎野猪，让佛莱迪忙了一天。吃过晚饭后，他和以往一样坐在树下乘凉，在夕阳的余晖中望着山的另一边，想象着那里可能有更多的食物。但今天对佛莱迪来说有所不同，他想要带着他打野猪时认识的女朋友艾玛，到对面的山上去走走。佛莱迪脚边趴着的猎犬虎斑抬了抬头，似乎感觉到主人闪闪发光的眼中，有一股探索未知的能量。

佛莱迪知道这里的人从未到对面山上去过。有人试着跳过去，却不小心摔下了山谷，他可不想成为第二个牺牲者。

他想：用石头在这里垒高台，或许站得更高就能跳得更远。但是佛莱迪有些迟疑，他的脚力不好，不知道能跳多远，如果在艾玛面前摔下山谷，就真的太失败了。他在山边踱步，脚边的石头被他踢了下去，他听着那块石头掉下去的声音，不禁打了一个寒战。

忽然他灵光一闪：用石头填满整个山谷，这样就可以踏着石头走过去！他嘴角上扬，开始佩服自己的聪明才智。他想，只要他们每天都搬一些石头过来，只要几天的功夫可能就完

看我用石头把山谷填平！

成这个壮举。他充满信心，看着手臂上结实的肌肉，将刚刚坐在自己屁股下的石头搬起来，丢入山谷。

艾玛站了起来，在旁边开心地拍手："佛莱迪好厉害，你砸死山谷里的野猪了吗？"

"汪！汪！汪！"猎犬虎斑开心地狂吠，以为又有食物可以吃了。

佛莱迪转过头说："不是的，艾玛。我计划用石头把山谷填平，之后就能够走过去了，对不对？"

他又踢落了几块脚边的石头，石头在眼前落下时，变得像砂砾一样小，最后连影子都看不到。这时佛莱迪才意识到这个方法有个大问题：石头太小，山谷太深又太大，靠他们两个每天搬石头，或许好多年都填不满。

佛莱迪脸上的笑容消失了，好不容易想到的方法居然不管用，他沮丧不已。

此时有一阵风吹来，他们乘凉的大树被吹得沙沙作响。

"佛莱迪你看，"艾玛指着大树，"我们能不能利用这棵树走过去？"

隔天早上，他们就合力用石器将树木砍断，倒下的位置朝向山谷的方向。"砰"的一声，树干横躺落在两座山上，树干上的枝叶颤动着扬起尘土阵阵。

　　佛莱迪在树木倒下的位置四周查看，又用脚踢了踢树干末端看是否稳固。猎犬虎斑一马当先，踏着树干走了过去，在对面朝他们摇着尾巴。

　　之后，佛莱迪和艾玛也小心地跟了过去。他们被视为部落里最早越过山谷的人，赢得了部落里所有人的尊敬。

　　而那棵倒下的树木，就这样躺在那里，连接此端与彼端。这种连接两端的架空通道便是早期简易的"桥梁"。

终于可以跨过去啦！

科学大发明——桥梁

　　世界上最早的桥梁，可能只是一段木头。人类对于桥梁最早的需求，可能是为了跨越一个坑洞、越过一条小溪，或者到对面山上去。一开始的桥梁只需要承受人们行走的重量，渐渐地，人们发明了马车，使用石头做的桥梁更能承载马车的重量。到了现代，对桥梁有了更高的要求，钢筋和混凝土建造的桥梁，更能够支撑公路上川流不息的车辆。随着人类科技的进步，梁桥、桁架桥、拱桥、斜拉桥、吊桥也陆续被建造出来。

　　说到桥梁的历史，古巴比伦人在公元前 1800 年就建造了许多木桥。公元前 621 年的古罗马时期，出现了跨越台伯河的木桥。中国在西周前（约公元前 1134 年），在渭水上架了长达 183 米的浮桥。到了战国时期（公元前 3 世纪），李冰在四川省修建了我国最早的吊桥——安澜桥。安澜桥全长 320 米，缆索以竹子为内芯，再包上竹条编的绳索，完全没有使用金属材料。

日本东京京门大桥

世界上第一座铁桥在 1779 年诞生于英国。1860 年，建筑师开始把混凝土用在小型的桥梁工程中，到了 20 世纪才开始出现大跨径的钢筋混凝土桥梁。预应力混凝土技术的发展又强化了人们建造桥梁的能力，1965 年建造的莱茵河大桥跨径就长达 208 米。同时期，钢筋结构形式的斜拉桥也被建造出来。1957 年德国建造了总长 914 米，跨径 260 米的斜拉桥，不过斜拉桥的长度和跨距还是远远不及吊桥。

目前世界上跨距最大的桥梁是明石海峡大桥，总长度 3911 米，最大跨径 1991 米，它完成于 1998 年，是连接日本的本州岛与淡路岛之间的吊桥，也是一座跨越了明石海峡的跨海大桥。

发展简史

公元前 3 世纪

李冰在中国四川省修建的安澜桥是我国最早的吊桥。

1779 年

世界上第一座铁桥诞生在英国。这座桥用钢铁当作材料，是当时的壮举。

1937 年

位于美国旧金山市的金门大桥，总长约 2780 米，现在依然是旧金山市标志性的著名景点。

1998 年

完成于 1998 年的明石海峡大桥总长度 3911 米，最大跨径 1991 米，是目前世界上跨距最大的桥梁。

桥梁是如何稳固的？

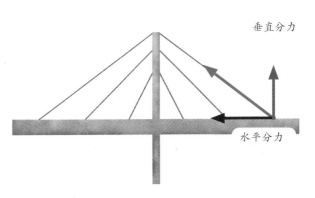

现代的桥梁，拱桥跨距可以达到将近 300 米，吊桥的跨距最长，能够达到 2000 米以上。会有这样的差距不只是因为桥梁的材料或形式，关键在于桥的设计如何处理作用在它身上的压力和拉力。

俄罗斯的岛桥是世界上最长的斜拉桥。

压力是作用在物体上的挤压力，这股力量倾向于让物体收缩；拉力是作用在物体上的拉伸力，这股力量倾向于让物体伸张。拿弹簧来说，当我们压它的时候，弹簧就会受到压力而变短。当我们拉它的时候，弹簧就会受到拉力而伸长。

桥梁无时无刻都受到压力和拉力这两种力，在设计上必须让它不会弯曲变形或被拉断。处理压力和拉力的最好方法就是让它们分散或是转移：把受到的力分散到更大的区域，力就不会集中在某个点；把受到的力转移到特制的受力部位，可以避免强度较弱的地方因为受力而被破坏。因为支撑力道的强度不同，所以不同种类的桥梁能够承受的重量也不一样。例如斜拉桥的斜拉钢铁会利用陡塔顶向两端斜拉的钢索张力，来承受桥梁的载重，因此可以用在跨径较长的桥梁上。

斜拉桥的斜向拉力

斜张桥的斜拉钢缆会产生一个斜向的张力（红色箭头），张力的垂直分力负责向上拉起桥梁的重量（蓝色箭头）；左右两边的水平分力（紫色箭头），使桥梁的结构承受预压力，增强桥面的支撑力，桥身可以薄一点。

垂直分力

水平分力

造一座桥

当遇到峡谷或河流等天然阻隔时，人类会建造桥梁。我们试着建一座桥来让两边能够互通。

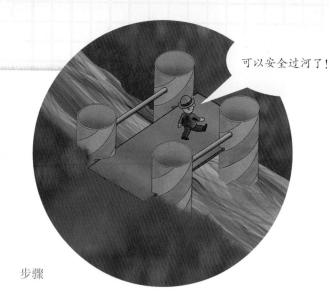

可以安全过河了！

步骤

材料

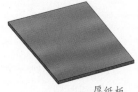

厚纸板

卫生纸卷筒

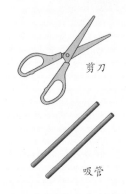

剪刀

吸管

1 剪一张长 20 ～ 22 厘米、宽 10 厘米的长条形厚纸板，当做桥面。

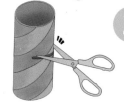

2 在 4 个卫生纸筒一半高度的地方，用剪刀水平剪出一个开口，使桥面纸板能固定在卷筒上。

3 在剪出的开口侧上方，挖一个小圆洞，插入吸管。连接在两个纸筒上的吸管能增加桥的稳定性。

4 架好桥面之后可以试着放东西在桥上面，看看你做的桥有多坚固。

如何建造
良好的道路？

两个小孩在对面的树旁玩耍，不时传来天真无邪的笑声，让人感受到生命的美好……但是，此刻的克劳狄眉头紧锁，他站在这儿已经快两个小时了。

克劳狄是罗马共和国的检察官，他准备在这个地方铺设一条通往南方的道路，让军队迅速到达南方，平息那里的战争。但如果不幸敌军打到这里来，眼前孩童玩乐的情景将不复存在。

之前他曾用一些大石头来铺路，但是军队和战车经过的时候，把一些石头压得翘起来了，反而让路变得更难走，还得花

路又被踩塌了！

更多的时间和人力重新铺路。他明白这个方法并非长久之计，一旦路面不平，军队的行进就会受到影响，总不能在十万火急的战争之中请军队等他把路面铺平了再走……况且这个工作也是挺花费人力和时间的。

这一次，他必须想一个一劳永逸的方法。

克劳狄注意到，有一个居民已经悄悄地站在他的身旁好一阵子了，他笑着和克劳狄打招呼。

"先生，还在为铺路的事情烦恼吗？"

"是啊，这件事情真够烦人的。"

"如果用铁怎么样？"

"铁？"克劳狄显得有些激动。

"铁的硬度高，不容易变形，就算军车在上面过，应该

嘻嘻，哪有军队踮着脚走路的？

也能保持平整。"居民自信地说。

克劳狄听完他的话陷入了沉思。他想象着共和国的军队在一条闪闪发光的路上，昂首阔步地前进，最后凯旋……但是他越想越觉得不对，用铁铺路，一批军队经过，会不会发出很大的声音，如果声音很大，就没法预先制敌了。

居民看他脸色沉下来，收起得意的表情，怯弱地问："这个方法不行吗？"

"这是个不错的想法，但是金属发出的声音太大，恐怕弊大于利。"

"那军队悄悄地走路如何？比如说踮起脚尖慢慢走，然后开始打的时候再加快速度。"

克劳狄听了哈哈大笑："哪有踮起脚尖走路的军队！"

居民被他笑得有点不好意思，脸都红了。

此时刚刚在树下玩耍的小孩跑到居民的身边，似乎是他的儿子。小孩拿着食物在吃，盘子里有两个圆饼叠在一起，上面放了一些鹰嘴豆和青菜。

　　克劳狄看着那盘食物出神，居民在旁问他说："先生，你也饿了对吧？如果不嫌弃的话……"居民本来想请克劳狄到他家吃饭，想不到克劳狄此时兴奋地抓着他的手大叫说："我知道了，我知道了！谢谢你！"

　　原来克劳狄看到盘子里的食物一层一层地堆放，让他想到了多层次结构的路面。于是他用碎石、沙子和三合土作为路基，接着把石头铺在最上面，道路两边再设置排水沟解决排水问题。

　　这条稳固的道路之后就以他命名，成为历久不衰的伟大建设成就之一。

科学大发明——道路

许多道路在最初期的时候并没有特别修缮，是靠人走出来的自然道路。比如说大名鼎鼎的"丝绸之路"，广义的丝绸之路指从上古开始陆续形成的，遍及欧亚大陆甚至包括北非和东非在内的长途商业贸易和文化交流线路。

距今约 4000 年前，出现了世界上最早的人工道路——虞坂古盐道。其大部分路段都是在坚硬的石头中开辟出来的，位于山西运城市，现存路段全程约 8 公里，连接盐湖和茅津渡口，曾是食盐运送的通道。弯弯曲曲的路线像一条蛇蜿蜒在这条山上，路线经过周边的虞国，所以被称为虞坂古盐道，传说中，舜帝还在这里贩卖过盐呢！

到了秦朝，秦始皇修筑的驰道是中国最早的"国道"。它从公元前 220 年开始修建，本来的作用是给皇帝走的天子道，所以都建在宫殿之间。后来因为秦始皇出巡，经过的地方都要预先把驰道建好，所以驰道也就变成皇帝出行的重要干道。驰道在建筑时会用铁锤夯打路基，使道路平坦坚固，还在旁边种植青松作为行道树。

公元前 312 年，罗马共和国的监察官阿庇乌斯担任工程总监，铺设了第一条正规的罗马大道：阿庇亚大道。现存的这条路从罗马出发，终点在亚德里亚海的布林迪西，总共约 660 公里。道路采用多层次的结构，路基由碎石、沙子和泥灰组成，上面再铺上石块。

到了近代，英国工程师约翰·麦克亚当于 1815 年，在英国布里斯托建造了现代的碎石道路，用碎石修筑路基，上面铺上更小的石子，再用炉渣固定，这个设计很快在其他地方推广开来。法国于 1858 年在巴黎用天然岩沥青修筑了第一条地沥青碎石路。中国从 1984 年开始建造高速公路，现在拥有世界最长的高速公路系统。

发展简史

公元前 13 世纪前

广义的丝绸之路指从上古开始陆续形成的，遍及欧亚大陆甚至包括北非和东非在内的长途商业贸易和文化交流线路。

公元前 312 年

罗马共和国的监察官阿庇乌斯担任工程总监，铺设了第一条正规的罗马大道：阿庇亚大道。

1815 年

在英国西部港口城市布里斯托首次建造了现代的碎石道路，这个设计很快在其他地方推广开来。

1984 年

中国从 1984 年开始建造高速公路，现在拥有世界最长的高速公路系统。

科学充电站

道路底下有什么结构？

其实罗马道路多层次结构的原理，已经很接近现代的道路了。以第一条罗马道路阿庇亚大道来说，它是由中间 4 米宽的车道以及左右各 3 米宽的人行道构成的。在最底层先铺上 30 厘米厚的沙子，不仅可以整平地基，也能避免道路内部积水。第二层使用砂石和黏土混合的材料，第三层用打碎的小石子铺成稍微拱起的弧形。道路最上层紧密地铺设边长约 70 厘米的正方形大石块。路面呈弧形，雨水可以自然地流向两边的排水沟。道路的两侧还禁止种植树木，防止树根侵触到路基。

罗马所架设的道路网，对于整个欧洲都有深远的影响，直到中世纪，人们还持续地使用这些道路。到了现代，意大利境内的"罗马道路"被铺上沥青，就可变为现代公路。所以说，铺设一条好的道路的关键就是路基与排水，如果这两项做得好，这条路就可以使用很长一段时间。

现代的道路会用沥青这个材料帮助排水。首先把沥青和碎石子混合，再铺在多层次结构的路基上面。路面缓缓向两侧倾斜，让雨水能够顺利到达排水沟。转弯的地方，还会让道路由外向内斜，除了让车子更容易保持平衡，也顺便帮助排水。

现代道路结构图

沥青碎石或混凝土

天然沙子及碎石

石块、粗砂等松散颗粒材料

我家的人行道

道路可以方便行人和车子通行。家附近的道路是什么样呢？我们试着做做看吧！

将纸盒上的草地、人行道和马路延伸画到卡纸上，再放上小人偶，就完成人行道模型了。

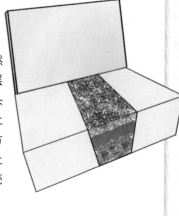

材料

长形纸盒

颜料

厚卡纸

胶带

蛋壳

沙子

小碎石

石头

黏土

双面胶

步骤

1 如图所示，把一张厚卡纸黏在长形纸盒的后侧。

2 在纸盒前面画一长方形，然后从底部开始把材料一层一层黏在上面。先把小石头黏在底部，然后依序再黏上碎石、黏土和沙子。将长方形的两边延伸到纸盒的上方，并在此区域内黏上蛋壳当作路面。

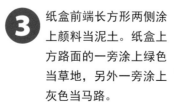

3 纸盒前端长方形两侧涂上颜料当泥土。纸盒上方路面的一旁涂上绿色当草地，另外一旁涂上灰色当马路。

如何把衣服挂在墙上？

阿鲁拿着一件衣服在泥砖造的房屋里踱步，地上还摆着几件类似的衣服。他的嘴角上扬表示他的心情不错，但是他时而皱眉又透露出心里的烦躁。

他的弟弟阿蒙在房间的门口笑着调侃他说："唉，真是矛盾！因为王的赏赐太丰厚，所以家里没有地方放了。不如这样吧，我念在兄弟之情，代替你收下这些吧。"

衣服多到没有地方放了，怎么办？

阿鲁和阿蒙都是王朝修筑城墙的工人，因为完成工作而得到王的赏赐。赏赐除了银子之外还有各种生活用品。但现在的情况确实有点尴尬，阿鲁必须将这些东西妥善收纳，否则家里空间就不够了。

"别在这说风凉话，你得到的赏赐也不少，是怎么收纳的？说给我听听吧。"阿鲁说。

阿蒙又自信地说："很简单，衣服直接丢在房子的角落。其他东西都叠起来，要用的时候再找就行了。看看你这样子，为什么找自己的麻烦呢？"

阿鲁早就知道弟弟不拘小节的性格，听到这样的回答，阿鲁一点也不意外。

"噢……那还真是聪明、聪明、太聪明了！你之后就会发现家里可以走动的地方越来越小，然后东西越来越难找，最后就会悔不当初：'如果一开始就好好收纳的话，就不会这样了。'"

"好，你厉害。你说要怎么办，放屋顶，放外面，还是找个大箱子全部塞进去呢？那你恐怕得用很大很大的箱子才行，不然我们家里一样没有路可走。"阿蒙说。

把衣服挂在墙上，就有更多空间了。

阿鲁把衣服拿起来，用手把衣服按在一面墙上。他转过头说："你看，如果能这样把衣服挂在墙上，那不就省下很多空间了吗？"

阿蒙哈哈大笑："真有你的，你当我不知道这东西是从高处往低处落下吗？怎么可能像你说的那样，除非……"

"除非怎么样？"

"除非像树一样，房子里也长出许多枝条，这样就可以把衣服挂在那些枝条上不掉下来。"

"我们难道不能做出这样的枝条吗？"

"你要在房子里种一棵树我也不反对。"阿蒙双手交叉，眼神里还是有嘲笑的意味。阿鲁不理他，此时开始翻找房间里一堆尚未整理的杂物。

阿蒙看他找得起劲，忍不住开口说："怎么，你该不会把我说的话当真吧？"

此时阿鲁从杂物堆中拿出一根细长尖锐的兽骨，然后又去门外挑了一块称手的石头。

他站在墙边犹豫了一会儿，开口说："我想到一个方法，不知道行不行。"

他拿起石头，轻轻地敲打起细长尖锐的兽骨，让兽骨尖锐的部分插入泥砖，外面露出一截。

流了几滴汗之后，阿鲁笑着说："怎么样？我做了一根枝条。"

他们兄弟俩就用这个方法，在屋子内制作了许多这样的突起物，然后把衣服挂在上面收纳。因为这个方法好用，所以在左邻右舍传播开来。以后不只是衣物的收纳，当需要悬挂物体的时候，人们也会使用这个方法。

那根尖锐的兽骨，被后人称作"钉子"。随着科技的进步，人们就改用各式各样更坚固的材料来制造钉子。

科学大发明——钉子

公元前 3000 年，两河流域的苏美人也会使用钉子，不过他们使用的是黏土制成的钉子。

早期人类使用的工具都是直接取自自然中的原型，尖锐的兽骨或是植物的刺都很可能是启发他们进一步制作成钉子的原因。钉子的作用是通过穿透物体，将物体固定在另一件物体上，或者单纯是将自身固定在物体上。

在没有发明钉子前，木头建筑需要用几何互锁的方式来建造，相当费工。人类学会锻造金属之后，在 2000 多年前的古罗马时期，开始制作铁钉。

在制作钉子的机器发明以前，钉子全部都是以手工打造，铁匠加热铁块，再用锤子把钉头捶打成一个点。1790 年，制作钉子的机器问世，它像削面条一样把金属板切成细长条状。

减少了钉子制作过程中手工的部分，钉子狭长尖锐的部分由机器制作，但钉头的制作还需要手工。这种钉子也被称为"冷钉"。到了1890年，钉子的全部制作过程都可由机器完成，制作钉子的材料也得到改良。

　　1850年，亨利·贝塞麦发明了大量炼铁的方法以后，世界进入了钢铁时代，这也导致铁钉的生产量逐渐减少。1886年美国有10%的钉子由软钢丝制作，但到了1913年，这个比例更达到了90%。

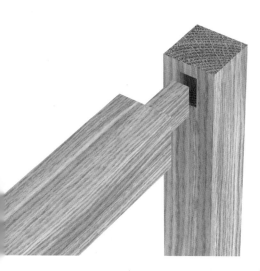

古代建筑用"榫卯"技术，可以让两个木料不需要钉子，就能连在一起。

公元前 3000 年

两河流域苏美人使用黏土制作钉子。

古罗马时期

2000多年前的古罗马时期，人类开始制作铁钉。

1790 年

制作钉子的机器问世，它像削面条一样把金属板切成细长条状。

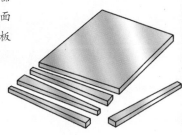

1890 年

钉子的全部制作过程都可由机器完成。

钉子怎么固定物体而不会滑落？

钉子作为固定物体的工具，一般依赖的是楔形的构造。它有能够接受撞击的钉头，撞击的力量让钉子尖锐的那一端钻进目标物。现代的电动枪、瓦斯钉枪等工具，利用气压的方式将钉子钉入物体，不再需要锤子了，也让我们使用起来更不费力。

当钉子逐渐钻进物体时，钉尖会沿着钉入的路径将物体往外撑开，等到钉尖经过，被撑开的物体结构无法回弹至原本的位置，这会产生一股压力夹住钉子最细的部分。另外，钉子和物体接触的部分也会产生摩擦力阻止钉子滑出，从而牢牢地固定在物体上。

钉子依据不同的用途，有不同的形状。不管是平头钉、大头钉、圆钉、曲头钉、螺旋钉，也不管是古代的钉子或是现代的钉子，都靠楔形原理发挥它固定的功能。

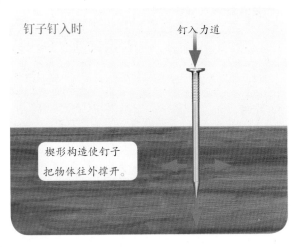

钉子钉入时

钉入力道

楔形构造使钉子把物体往外撑开。

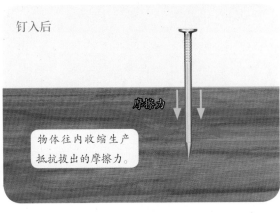

钉入后

摩擦力

物体往内收缩生产抵抗拔出的摩擦力。

棉线艺术画

钉子是非常方便、实用的工具，除了被用来固定物品，还可以当作艺术画道具呢。

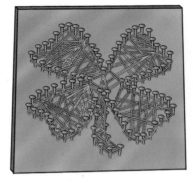

当图案填满时就完成你的棉线艺术画啦。

材料

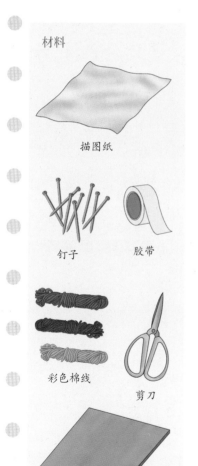

描图纸

钉子　　胶带

彩色棉线　　剪刀

厚纸板

步骤

1 在描图纸上画出想要的图案，并且用胶带暂时固定在厚纸板上。

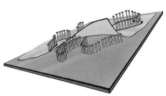

2 把钉子沿着图案边缘钉在厚纸板上，钉好后将描图纸撕下来。

3 先用彩色棉线在每个钉子上缠绕一圈，接着开始用棉线在图案内任意缠绕不同的钉子。

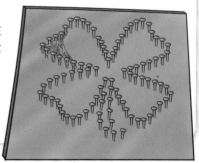

如何建造一座不被洪水冲垮的桥？

在隋朝的时候，有一个叫做李春的人。从小家里就很贫穷，他的父母送他到石匠的住处当学徒之后，就再没有出现过。但是李春从小就很聪明，而且学习认真，他的师父对这个有天分的弟子特别看重，毫不保留地将自己的知识传授给他。

师父没有儿子，就把李春当作自己的亲儿子看待。

师父因设计桥梁和宅邸的能力在地方上颇有名气，但他晚年患病，已经无法再承接工程，于是把许多大工程都交给李春，李春渐渐地有了知名度。师

父感觉身体的状态越来越差，知道自己命不久矣。临终前，他让徒弟去通知李春来见他最后一面。李春那时正在外地替一个有钱的地主修造宫室。听到师父病危的消息，李春大为震惊，想尽快赶到师傅身边。但这个工程拖延了不少日程，这令李春心情烦躁。

等完成工程，李春前往看望师父的路上却遇到暴雨。大雨使得洨河水泛滥，冲断了桥，他发现自己过不了河了。河水猛烈上涨，水在河中腾翻的样子像是在嘲笑他，他挂念着师父的病情，心急如焚，却无计可施。直到雨停，河水渐退之后，李春才得以过河，快马加鞭赶回师父家中。只可惜那时师父已离开了人世，死前仍挂念着他。李春大哭一场之后，就立下宏誓

好想赶快探望师父，但我过不了河……

要在洨河上建造一座能够不被洪水冲垮的桥梁。

不！师父！

李春开始仔细地考察、研究洨河的河床构造以及两岸的地势情况，想找出以前桥梁容易被冲垮的原因。以前的工匠并没有偷工减料，他们在洨河上搭建的桥梁也都非常坚固，只是雨很大时，桥梁还是抵不住洪水的力量。李春眼前不禁又浮现那天在洨河前，河水奔腾翻滚的情景。

他彻夜思考，最后提出了"空撞券桥"的构想。所为的"券"就是半圆的桥洞，"撞"就是券的两肩。在券的两肩上，他又增加了两个小券，形成小于半圆的弧。这样的设计，在洪水暴涨的时候，一部分的水可以从小券的洞口通过，减少受力面积，桥的侧面受到洪水的冲击力量减

少，桥就不会被水冲垮。

为了坚固性，李春决定用石块做为建造桥梁的材料。他还把每一块拱石的两侧都做出有规则排列的斜纹，使得拱石与拱石能够牢牢地拼在一起。

李春的拱桥顺利完工后，被称作"赵州桥"。这座拱桥宽阔又坚固，洪水来时也丝毫不受影响，让往返两岸的人有了安全的渡河桥梁，再也不会因此发生像李春一样的憾事了。李春造桥的功夫名传千里，赵州桥也一直屹立不倒，使用了很久很久呢！

科学大发明——拱桥

公元前1300年迈锡尼文明的阿卡迪亚桥，是一座石拱桥，那时人们已经学会用石头建桥，但设计相当粗糙。公元前850年建的卡雷凡桥，在现今的土耳其境内，也是一座石拱桥，但桥身的设计坚固了许多。

到了古罗马时代，堪称工程学术杰作的"罗马输水道"终于出现。它也是以拱桥为结构，可以看到桥梁由许多拱门构成，又被称为水道桥。罗马人就是利用拱的结构来支撑桥梁本身重量和水流重量的。

公元605年，造桥技术又有进一步的突破。中国石匠李春建造的赵州桥有了敞肩空撞券的设计，不但节省材料，还使拱桥能够耐得住猛烈的洪水冲击。

赵州桥跨在洨河上方，桥面的中间给车通行，左右两道给人通行。这座桥的圆弧是很特别的，不是一个半圆的，而是一座1/4圆拱桥，也叫做坦弧圆拱桥。在相同跨度的时候，1/4弧拱桥的弧长会比半圆弧拱桥的弧长减少很多。因此赵州桥所使用的材料，会比同样跨度的半圆拱桥更节省。同时，桥身的重量

减轻，自身的压力跟着变小。在1/4弧度的平坦坡度上，人车的通行也就更方便了。

赵州桥的4个小券位于桥两端，在建筑学上叫做"空撞券桥"，也是一个创举。它能节约200多立方米的石料，又使桥的重量减轻了1/5。大洪水过桥的时候，这些小洞有分洪的功能，使洪水对桥的撞击力量大幅降低。它在许多次的洪水威胁之下依然保存下来。

⧗ 发展简史

公元前1300年

迈锡尼文明的阿卡迪亚桥。

公元前850年

卡雷凡桥建造于土耳其境内的伊兹密尔附近，这时桥身的设计已经坚固了许多。

公元前1世纪

位于西班牙的塞维亚水道桥，是古罗马时代的痕迹。

公元605年

中国石匠李春修建的赵州桥有了敞肩空撞券的设计，不但节省材料，还能够耐得住猛烈的洪水冲击。

科学充电站

拱桥要怎么支撑桥体？

　　拱桥能够耐重和支撑，主要是靠拱形拥有的"上推力"。有了这个力量，车辆和行人在拱桥上面通行时才不会让桥垮掉。拱桥的石材，要是每一块都能很好地接合，整座桥就能产生坚固的上推力。如果不小心计算错误，桥不但没法耐重，更会在自身的重量作用之下解体。除了实用的功能，拱形还有它独特的艺术美感，耐得住洪水冲击的赵州桥，可以说是兼具力学和美学的最佳教材。

　　拱形的建筑在世界各地的文明中都常常出现，比如说拱桥、拱顶和拱门。圆形的屋顶其实也是一种拱形结构，你可以把它看成拱形的屋顶以中线为轴，旋转一整圈。拱形的结构可以将承受的重量传递到两侧，所以拱桥的重量其实都是由两侧的拱柱来承受，而不会从中间垮掉。

　　日常生活中也有很多拱形的例子，比如说我们常吃的鸡蛋。鸡蛋圆弧形的外壳就像是圆形屋顶，和拱桥一样能够产生上推力，并将力量传递到侧面去。因此蛋壳比想象中更坚固，能够让母鸡孵蛋的时候坐在上面而不会破掉。

拱顶结构

　　拱形会使顶部承受的重力分散到两旁，因此能够承受更大的重量。

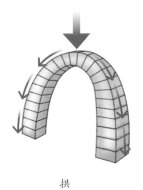

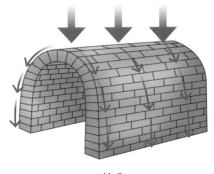

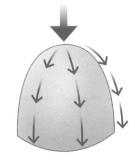

拱　　　　　　　　　拱顶　　　　　　　　　圆顶

彩色拱桥

拱形的结构可以让拱桥坚固安稳不会轻易倒塌，我们用纸杯来试试拱形的力量吧。

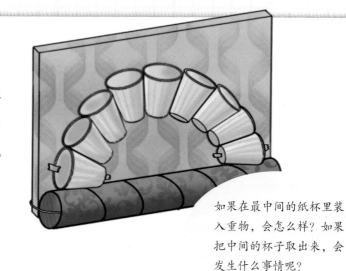

如果在最中间的纸杯里装入重物，会怎么样？如果把中间的杯子取出来，会发生什么事情呢？

材料

胶带

纸筒

线

颜料

包装纸

木板（长约50厘米，宽约30厘米）

纸杯

步骤

1 把线穿过纸筒，并且把纸筒绑在木板的底部。纸筒与木板上可以涂上颜料，或是用包装纸包起来。

2 试着把纸杯放在板子上排列成拱形，看看怎么排最适当，然后用胶带把两端的纸杯黏在板子上。

3 把其他纸杯也放在板子上，最后把板子立起来，杯子就会像拱桥一样固定在木板上。

如何建造坚固的海堤？

帕克居住在沿海地区，每逢大雨或海水倒灌，城市就会沦为泽城，造成巨大的损失，他觉得一定要想点办法才行。

早晨，天还没有完全亮呢，帕克就站在街上吹着风，尝试寻思解决之道："该怎么解决水患呢？"

此时有许多想法像飞鸟一样从他的脑海中掠过，他很快抓住其中的一个。

"搬到山上去住怎么样呢？潮水从来不曾淹到山上。"他望向高山，那里似乎给他一线希望。但没有多

久，希望就沦为失望。

"山上虽然不怕水淹，但生活有许多不便，路也比这里难走。而且要把整个城市都搬上去，几乎是不可能的。"

他皱着眉头吸了一口气，看着自己的房子若有所思……只要不被水淹到就能解决问题的话，他倒是有个想法："把房子盖得更高吧！让一楼空置，人都居住在二楼以上，这样水就淹不到人了。"

这是个好方法吗？其实这样只解决了一半的问题，因为就算房屋不怕水淹了，街道也会全部被水淹，足不出户也不是办法。

虽然淹不到我家，但街道都被淹了。

他摇摇头，转身看向海边。这片为人类带来财富的大海，哺育了许多人，在天气晴朗没有海风的时候，海岸是如此的美好，但是大潮来袭的时候，却又成为一场噩梦。

"我们隔离它吧！在海边修筑一道堤防，把海水挡住，水就不会淹到这里来了。"

他看着长长的海岸线，知道修筑海堤是个不小的工程。另外，要用什么来做海堤的材料，也困扰着他。

"用木头来做怎么样呢？请木工把木头切成一片一片的，拼装起来之后，再用支撑架固定，就可以成为堤防。"他闭上眼想象一整片木头堤防，在潮水的拍打下发出声音，此刻一些忧虑开始从心中冒出……

海堤又被冲垮了！快逃啊！

说到木头，这种材料虽然容易取得，但是它并没有办法使用很长时间，很容易被冲垮。尤其是受到风吹雨打后，它可能会腐烂或者被虫蛀，能不能撑几年都成问题。帕克不希望这项工程在短短十年里又要重新修建，他希望能一劳永逸，甚至让这道堤防永垂不朽。这样一来，就得放弃使用木头这个构想了。

"唉，这也不行，那也不行，我看还是找人商量吧……"帕克承认自己的不足，决定集思广益。

他召集了城里有名的工匠，告诉他们自己的想法。工匠让他尝试用一种混合材料来建造，这种材料是用石灰和火山灰混合起来的，一旦碰到水就会慢慢发生反应，再用这个混合物和岩石结合起来，就会变成坚硬的固体。

帕克听了很满意："这样坚固的海堤就能够成为城市的屏障，更重要的是，它可以维持很长的时间。"

后来，帕克和大家合力完成了海堤的建造。用这种混合物建成的海堤果然非常坚固，很多人也用它来盖房屋等建筑，并把这种混合物称为"水泥"。

科学大发明——水泥

古罗马人把石灰和火山灰混合起来做为建筑原料，是人类最早使用的水泥。用这个原料和岩石一起建造的古代海堤，可以抵抗风雨长达千年。现在保存最完好的水泥建筑是古罗马时期的万神殿，至今两千多年，仍然屹立不倒。

1756年，英国工程师史密顿在一次灯塔损坏的重建过程中，发现含有黏土的石灰石可以烧制成"水硬性石灰"，这个发现是近代水泥制造的基础。1796年，英国人詹姆士·帕克用泥灰岩烧制出外面呈现棕色的水泥，它的样子让人想起古罗马那些用石灰和火山灰混合物做出的水泥，所以称为"罗马水泥"。罗马水泥是用天然泥灰岩烧制，不添加其他配料，又被称为天然水泥。它的硬性很好，凝结速度也比较快，适合与水有接触的工程。

1824年，英国建筑工人约瑟夫·阿斯谱丁用石灰石和黏土按一定比例进行烧制，把原料在类似烧石灰的立窑里面煅烧，再将之细磨。这种水泥的主要成分是硅酸钙，是一种硅酸盐，所以又称为"硅酸盐水泥"，而且硬化之后，颜色看起来像波特兰当地常见的建筑石头，所以也称为"波特兰水泥"。它的建筑性能优异，在日后的建筑工程中拥有重要的地位。1859年，阿斯谱丁曾用这种水泥

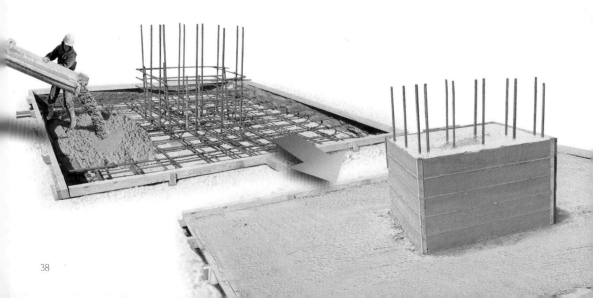

来建造伦敦下水道系统。1877年，英国的克兰普顿发明的回转炉，对水泥工业发展相当重要，可以进行水泥熟料的煅烧。1885年，兰拉姆把之前的回转炉保留，设计了更好的。

到了20世纪，人们不断改进波特兰水泥，现在的水泥种类已经有100多种。2019年全世界水泥产量达到41亿吨。

现代工程会使用水泥车载运水泥，并逐步倾倒至要灌入水泥的模板中，形成稳固的结构。

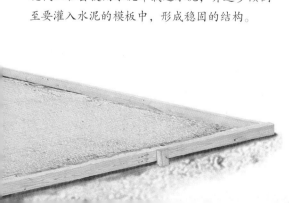

公元前1世纪

古罗马人把石灰和火山灰混合起来，成为建筑原料，是史上最早的水泥。

1824年

英国建筑工人约瑟夫·阿斯谱丁做出波特兰水泥。

1877年

英国的克兰普顿发明回转炉，进行水泥熟料的煅烧。

2019年

全世界水泥产量达到41亿吨。

水泥

水泥为什么会凝固？

现代人盖房子最常用的材料就是钢筋混凝土，而混凝土的成分包括骨材和黏合材料。我们以砂石为骨材，再用水泥作为黏合材料。当砂石被水泥固定，就可以产生足以支撑建筑物的结构。那么水泥要怎么黏住砂石呢？只要把水泥加上水，它们就会产生化学反应，使水泥逐渐硬化。现在最常使用的水泥是波特兰水泥，它最主要的成分是氧化钙，占了63%，二氧化硅占22%、氧化砂占6%、三氧化二铁占3%，其他成分占6%。

通过电子显微镜，科学家深入了解了水泥硬化的过程。水泥的粉末碰到水的时候，水泥的小粒子会被一层薄膜包围，并渐渐扩大。接着在两个小时以内，粒子与粒子之间开始附着在一起，形成像是黏土一样黏稠的水泥浆。水泥碰到水3个小时后，包覆水泥粒子的薄膜逐渐朝外生长，许多中空的管状物在薄膜上越生越多，然后互相交错在一起成为复杂的网状物。这个转变使整体结构变得更加坚固，再过几个小时，水泥就坚硬如石头一样。

水泥的硬化原理

水泥与水混合后会发生化学反应，水分慢慢渗入水泥颗粒内部，水泥颗粒逐渐变大，颗粒与颗粒的空间会越变越小，最后空间消失，颗粒连在一块，水泥也会越变越硬，变得跟石头一样。

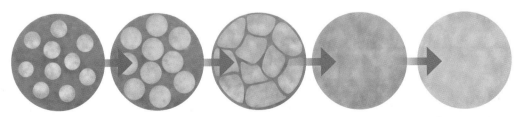

水泥与水混合　　水分进入水泥颗　　水分越来越多，颗　　间距消失，颗粒　　水分蒸发，留下
　　　　　　　　粒，颗粒变大　　粒间的距离变小　　连接在一起　　　水泥硬块

水泥盆

水泥不但坚硬牢固，还可以用模板做出你想要的形状。我们做一个水泥盆，做好后可以拿它来种植物。

可以用砂纸打磨水泥盆边使其变平整，再用亚克力颜料涂上喜欢的颜色，就可以把植物搬进水泥盆里栽种了。

材料

纸杯

砂纸

亚克力颜料

免洗筷

纸碗

水泥砂

水

步骤

1 将水泥砂倒入纸碗中。

2 约6分钟左右倒入水并用筷子搅拌均匀，使水泥砂全部湿透。水可一点一点加入，不要太湿或太干。

3 敲一敲碗侧减少气泡和空洞产生，把纸杯塞入水泥中，做出水泥盆的模板。

4 放置几天等待水泥干燥后，即可撕开纸杯及纸碗模板，完成水泥盆。

如何让室内光线充足而风又吹不进来？

杰米满心欢喜地搬进了他受封的城堡，但是才住了几天就发现有个问题——光线不足。这座城堡在建造的时候把窗户都做得很小，因为窗户太大风吹进来就会很冷，下大雨的时候也会很麻烦。而光线透过那些小窗户只能照到很小的范围，亮度也不够。

光线不足对一般生活起居影响不大，但是杰米为了充实自己，每天都要读很多书，如果房间不够亮，就会看得很吃

一天就烧了这么多蜡烛，好浪费啊！

力。在这样的采光条件下，就算是白天，他也必须点蜡烛才能让室内有足够的光线，长久下来蜡烛的使用就变成一笔不小的开支，让生性节俭的杰米觉得受不了。

"昨天一天，这间书房就用了 20 根蜡烛，大厅和走廊用得更多，这样下去真的很浪费。就算把蜡烛换成火把，也要不断消耗木材。白天的阳光那么亮，难道完全没有办法利用吗？"

风一直吹着，书真读不下去啊！

他曾经试过在晴朗的天气去室外的庭院阅读，但室外风大，坐久了之后，阳光也晒得他不太舒服，所以他最后放弃室外看书的计划。

"既然室外行不通，不如就把窗户做大一点吧！然后外面加窗帘挡风，白天有太阳的时候打开窗帘让光照进来，风大的时候就把窗帘拉起来……"

杰米越想越觉得可行，立刻出去请建筑师规划更大的窗户，然后请佣人制作合适的窗帘。交代完事情之后他松了一口气，又回到房间坐着喝茶。一会儿之后，他走到一扇小窗旁望着天空的阳光，顺便探头看看外面种的菜，外面的仆人看到他探出头来都和他点头微笑。

忽然间一阵风扑面而来，几片树叶吹过他的脸颊，他像是想到了什么似的轻呼了一声："啊！"

"如果白天有阳光的时候风也很大，窗帘还是会被吹起来，那么不就又回到原点了，光线不够的问题仍然没有解决……"

　　"怎么会这样呢？"他沮丧地收起原本放在桌上的书本，一不小心碰到旁边的玻璃杯子，杯子掉到地上摔成了碎片。

　　杰米愣愣地看着玻璃碎片，忽然灵光一闪："为什么不用透明的玻璃来做窗户呢？玻璃的用途应该不只是装水。玻璃窗能让白天的光照得进来，又可以挡雨，就算面积做得比较大也不用烦恼，风无法穿过玻璃吹进来！"

　　他心情激动，赶紧召集玻璃工匠，为城堡的窗户制作玻璃，光线不够的地方，就改装成更大的窗户。从此以后，室内有了充足的光线，他的阅读活动就不受天气的影响了。

科学大发明——玻璃

　　石器时代的人们已经会使用天然的火山玻璃，火山玻璃又称黑曜石，可以用来制造尖刀。4000 多年前的美索不达米亚遗迹和古埃及的遗迹里，都发现了小玻璃珠，在中国西周的古墓中也有发现玻璃管和玻璃珠。

　　3000 多年前，腓尼基人在海滩上做饭的时候，把天然苏打晶矿放在大锅底下当支架，意外发现天然苏打和海滩上的石英砂经高温烧制和潮水冷却后居然变成了玻璃。后来腓尼基人把石英砂和天然苏打混合后，用炉子熔化制成玻璃球。

　　公元前 2000 年，一个叙利亚的工匠发明了用吹管的方式制造玻璃容器，手持空心铁管从高温的熔炉中沾取玻璃膏，再从另一端的吹嘴吹气塑形。公元前 1000 年，古埃及人掌握了这项技术并把这项技术传到罗马，在公元 1 世纪的时候，著名的宝石玻璃花瓶波特兰瓶就诞生了。公元 4 世纪时，古罗马人开始用玻璃来制作门窗。

天然苏打晶矿的主要成分是碳酸钠，高温时会变成熔融的液体。腓尼基人在用火烹煮时，地上的白砂和天然苏打产生化学反应而生成漂亮黏液，这种黏液冷却凝固后就是最早期的玻璃。

11世纪时德国制造了平面玻璃。做一片平面玻璃比做成花瓶或杯子要困难得多，他们必须先把玻璃吹成球状，再做成圆筒形，再切开摊平，中间还不能让玻璃的温度下降。13世纪时平面玻璃的技术在威尼斯被不断改良，人们开始用玻璃做眼镜和镜子。13世纪时的威尼斯成为玻璃制造的中心，出产许多玻璃的餐具和容器，也出了许多有名的工匠。

清朝中期，中国也开始生产玻璃。经过传教士的指导，玻璃制作的品质逐渐提升。但当时玻璃被定位为御用的奢侈品，所以玻璃技艺在中国没有得到很好的发展。

16世纪开始，玻璃成为光学零件的主要材料。1608年，伽利略使用光学玻璃制造出能观测天文的望远镜。1874年，比利时做出平板玻璃。1906年，美国制造出了平板玻璃引上机，玻璃的生产也在这时候开始规模化，现在玻璃已经成为日常生活中不可或缺的材料。

发展简史

石器时代
石器时代的人类已经会使用天然的火山玻璃。

公元1世纪
古罗马人用宝石玻璃制造了波特兰瓶。

13世纪
威尼斯工匠改良玻璃制作技术，制作出装饰玻璃与平面透明玻璃，后来威尼斯的精致玻璃器皿闻明于世，成为玻璃制造工艺的中心。

1906年
美国制造出了平板玻璃引上机，玻璃的生产也在这个时候开始规模化。

为什么石英砂加热后会变成液状？

现代玻璃的制作方法，是把材料放在密闭窑炉的坩埚中加热，等到变成有流动性的玻璃膏之后，才能进行塑形和冷却。通过高温将它熔化变成像麦芽糖一般软软黏黏的玻璃膏，是便于加工。

在正常大气压力下，物质从固态转化为液态的过程中，固体和液体共存状态的温度就称为熔点。不管是什么物质，加热到一定的程度都会熔解，但是不同的物质有不同的熔点。如果改变物质所受的压力，熔点也会跟着改变，压力越大熔点就越高。

杂质能影响物质的熔点，这也是工业上很常见的应用。纯铜的熔点在1084.62℃，如果要得到铸造性更好的青铜，要加入锡、铅或铝来产生铜合金。加入25%的锡后，青铜的熔点降低到800℃。另一种铜合金黄铜，是铜和锌的合金。铜含量62%～75%的黄铜，熔点在934℃~967℃之间。它们都因为混了杂质而降低了熔点。

彩色窗花

透明的玻璃加上彩色图案就变成美丽的彩色玻璃，用彩色玻璃纸做成美丽的窗花来为玻璃添加色彩吧。

用胶带把完成的彩色玻璃纸图案黏在窗户上，光透进来时，就是美丽的窗花了。

材料

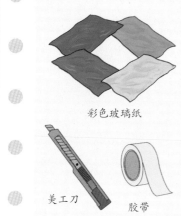

彩色玻璃纸

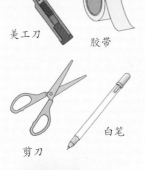

美工刀　　胶带

剪刀　　白笔

黑色纸

步骤

1 在黑色纸上用白笔画出你想要的图案。

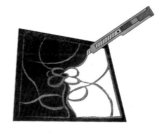

2 用美工刀沿着白笔画的线条将其他黑色纸裁去，黑色纸的四边需至少留1厘米的框线。

3 把彩色玻璃纸剪成一片片的，黏在黑纸框的镂空处填满。

如何妥善

处理污水？

约瑟夫抬头看着天空中弥漫的雾气，皱着眉头。在这个城市之中，不管走到哪儿，都会闻到一股难闻的臭味。放眼望去，垃圾遍地，到处是粪便的气息，臭气熏天。城市里的河流也逃不了被污染的命运，整条河流都在发酵，流淌着褐色的液体，看起来非常肮脏，让人不舒服。

天啊！这里的街道好臭！

之前城市暴发霍乱，大量民众死亡，据疫情结束后统计，死亡的人数超过上万人。其实，每年夏天霍乱都

会暴发，长久下来，夺走了无数人的性命。经过当地医生的调查，问题出在肮脏的水源中，如果能够让大家饮用干净的水，那么疫情就有机会得到控制。

这正是约瑟夫的工作，他被委员会任命处理污水问题，非常棘手却又刻不容缓。污水问题已经困扰大家很长一段时间了，虽然城市有一个排放雨水的系统，但是要排放污水与粪便显然不够用。尤其现在有了冲水马桶，虽然可以瞬间带走家里的粪便，但是流到城市的排放系统后，造成更严重的堵塞，有些污水甚至回灌到居民的家里，造成更大的麻烦。后来许多居民将污水排放到旁边的河流中，使得河流污染严重，不断散发出恶臭。

约瑟夫担任了设计伦敦新下水道系统的任务，他在报纸上征集过各种污水处理的方案，但似乎没有得到满意的方案。

能不能用火车把这些污水物拉到远离城市的地方去排放

呢？工业革命以后，火车是很方便的交通工具，但是如果用它来处理城市中每天产生的污水，不知道要新增多少条铁路才够……

如果只是固体垃圾，还可以用火烧，但污水又没办法这样处理，只能排放到其他地方。约瑟夫规划将所有的污水直接引到河口，通过河流排入大海。不过他首先得了解城市旧排水系统究竟有多少负荷，然后才能规划如何增建新系统。

约瑟夫花了非常多的精力研究和分析城市的排水系统，并且提出了具体的新设计方案。但是他设计出的方案却被相关机构否决了，因为工程太浩大，需要很大一笔开销。虽然计划未被认可，但是约瑟夫并不气馁。

又到了夏天，因为河水快速蒸发，水位下降，河水里面的粪便和垃圾变得更加臭气冲天。居民叫苦连天，开始集体抗议，要求政府快速处理这些问题。于是，官员在无法忍受恶臭与群众的压力下，终于同意了约瑟夫的工程方案。

约瑟夫为了建造出完善的排水系统，请工人在城市的地下开挖沟渠，并用高强度的水泥来建造地下排污系统。许多民众为了早日摆脱恶臭，也自愿走出来帮忙。

工程全部结束后，排水系统的总长度达到 2000 千米。将这个城市的污水都送往大海去了，城市里弥漫的臭味终于消失了。

终于把污水清理干净了。

科学大发明——排水系统

　　现在城市的地下，布满了大大小小的管线，包括不可或缺的排水系统。而这看似现代的排水系统，其实很早就开始使用了。位于巴基斯坦的哈拉帕遗址中就发现了大约公元前2600年的排水系统设施。中国较完善的排水系统可以追溯到商朝时期，偃师商城遗址中发现了公元前1600年的石木结构的排水暗沟。西周早期遗址中，也发现了用陶制水管建立的排水以及排污系统。

　　公元前5世纪古罗马修建了大排水沟，是当时整个城市的排水和排污系统，直到今天还能使用。大排水沟建得宽敞又坚固，当时的修建者已经预见罗马将会发展成百万人口的大城市。公元1068年宋朝所建造的福寿沟，也是历久不衰，至今依然背负着赣州旧城区10万住户的排污重担。2010年大雨来袭，贵州、南京等城区严重内涝，赣州却免于水患。

　　古代的排水和排污系统，不一定能够供城市长久使用。自西汉始作为重要都城的长安，垃圾以被掩埋的方式处理，污水都排到地下，污染了水源，城市不堪

现代城市的地下管道不只有排水系统，各种电缆管线都是在城市地下相连的。

电缆

电话线

自来水管

地下排水道

地下排污道

重负。隋朝的开国皇帝隋文帝决定迁移到汉长安城东南方的位置，建立大兴城，就是后来的唐长安城。古代很多城市都经历过这个迁移过程。

在旧系统不满足使用的情况下，也有直接在当地建设现代的排水排污系统的。英国伦敦的现代排水系统在1865年完工，全长2000千米，用高强度的水泥建造，具有强大的排水排污能力。工程完成那年，污水被排往大海，空气中的恶臭消失。

说到现代排污系统，还不得不介绍法国巴黎。中世纪以前的巴黎没有排污系统，他们的饮用水取自于塞纳－马恩省河，而污水就直接往街上倒。公元1370年，巴黎开始修筑最早的下水道，到1878年共修建了下水道600千米。之后不断延伸，至今全长达2400千米。巴黎还建立了下水道博物馆供人参观呢。

发展简史

公元前 2600 年

1922 年巴基斯坦的哈拉帕遗址中发现约公元前 2600 年建造的一个大井及沐浴场遗址，甚至有下水道设施。

公元前 5 世纪

古罗马修建了大排水沟，负责整个城市的排水和排污。

1865 年

英国伦敦的现代排水系统在 1859 年开工，1865 年完工，全长 2000 千米。

1878 年

法国巴黎最早的下水道建设从 1370 年开始，到 1878 年共修建了 600 千米。之后下水道不断延伸，至今全长达 2400 千米。

兴建排水渠道有什么好处？

古代的排污设施不是将污水排到地下，就是将污水排放到附近的河流，但是当地的居民又都是从河流或地下获得饮用水，长久下来就容易造成传染病的大暴发。19世纪的英国，猩红热、麻疹、天花、伤寒、霍乱等疾病暴发，人们原以为这些病是通过空气传播的，病因就是飘在空气中的臭味，臭味的来源是污染物，因此伦敦当局只想把污染物用水冲走，冲到流经伦敦的泰晤士河里。

1853年，传染病医生约翰·史劳认为霍乱暴发的主因是水源。认为当时伦敦居民饮用的地下水已经严重污染，才造成疾病暴发。虽然当时执政当局不相信史劳医生的论点，但是1865年伦敦新的排水排污系统完成后，污水被送往大海，解决了水源污染的问题，霍乱就不再出现。这时当局才相信史劳医生的论点。

另外，现代的排污系统都具有污水处理厂，污水必须经过一定程序才能排放，减少污染河川和海洋。下水道也会用很坚固的建筑结构做出地下空间，这样大雨袭来也可以满足排水需求。

家庭污水流到污水下水道，经过污水处理厂过滤与净化，才能排放到河川。城市街道的雨水由雨水下水道排放出去。

雨水下水道

污水下水道

污水处理厂

动手做实验

水流龙卷风

　　排水道能快速将污水排出去，还有什么方法可以让水快速流动？这里做个小实验看看吧。

将瓶子倒转，握住瓶颈部分旋转摇动，可以发现水流变快了吧！里面还有小漩涡的样子呢。

材料

宝特瓶 2 个

厚纸板

剪刀

胶带

步骤

1 在其中一个瓶子中装入半瓶水。

2 在宝特瓶口黏上一个厚纸板圈。

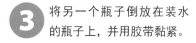

3 将另一个瓶子倒放在装水的瓶子上，并用胶带黏紧。

如何用灯具
来照亮夜晚呢？

距今 100 多年以前，美国的发明家爱迪生就开始着手进行电灯的研究。在电灯问世以前，人们普遍使用的照明工具是煤油灯或煤气灯。但这种灯具有浓烈的黑烟和刺鼻的臭味，使用

糟糕！油灯被打翻了！

起来既不方便，而且常会引起火灾，造成危险，不适合家庭照明使用。因此多年来，许多科学家绞尽脑汁，希望能发明出合适的照明灯具。

爱迪生梦想能设计出一种安全又方便的灯，可以为一般的家庭带来光明，使夜晚和白天一样明亮。以前曾有人尝试把许多电池串联起来，并在两极处接上金属线导电。当通上电流时，金属线会发出一种非常炫目的光芒，这个金属线称为"灯丝"。当时，人们都希望能利用这种光来照明，但这种灯丝亮度不持久，而且常会因为温度过高而熔解掉。因此在爱迪生心目中制作完美的电灯，首要目标就是寻找一种不容易烧坏的材料作为灯丝。

他日复一日地试验各种新材料来做灯丝，前后与同伴们试了 1600 多种，结果都不甚理想。经过了许久的探索，发现金属材料似乎行不通……
那还有什么材料可以当灯丝呢？

有一天爱迪生在壁炉旁坐着，看着炽烈的炉火燃烧，突然想到了什么。"对了！木炭也能够在火炉中燃烧很久，何不加以利用呢？"

爱迪生立即动手实验。他在熄灭的壁炉里拾取一些碳粒，用棉线捏成细细的灯丝，再和碳粒混合放入模子里加热，形成一条相当坚硬的碳化丝。他小心的把这根碳化丝装进玻璃灯泡里，然后通上电流，电灯便放出了明亮的光芒。爱迪生和他的同伴们彻夜不眠地注视着这盏电灯，看它究竟能持续发亮多久？结果这盏灯不负众望地亮了长达 13 个小时，效果很好。

世界上第一盏适用于普通家庭的电灯，就在众人的欢呼声中完成了。爱迪生非常高兴，紧接又把很多棉丝做成碳化丝，连续进行了多次试验，后来灯泡的寿命又延长到 45 小时。

"但是这样还不够！"爱迪生对于实验的结果仍然不满意，虽然知道用碳化纤维效果好，但要用什么植物的纤维仍然未定，于是他又开始研究哪一种植物的材料来做灯丝最好？最后他利用竹子的纤维做成的灯丝，竟然连续点亮了 1200 多个小时。

"嗯，竹子似乎是一种很不错的灯丝材料，大家赶紧收集各地的竹子来试验。"于是，爱迪生最后决定用竹子，派人到各地搜集，把来自各地的竹子全部收集起来加以研究，最后终于试验出一种生长在日本京都八幡的竹子是最适合做为灯丝的材料。

我要用这盏灯点亮这个世界！

爱迪生终于成功制造出能够长时间点亮世界的电灯，为了使每个家庭中都能大放光明，又发明了各种配电设备，建立发电厂，带来了照明革命。从此，电灯的时代来临了。

科学大发明——照明

　　人类的发展离不开照明，有了照明，在夜晚或昏暗的地方就能够看得更清楚，让人类可以自由活动。火是人类最早使用的照明，从一开始利用闪电等天然灾害产生的火，到后来利用工具钻木取火。原始人还会将油脂涂在树枝或木棍上，缠绕在一起做成可以手持照明用的火把。

　　油灯在照明的历史中占据很重要的一部分。油灯是将油盛放在容器中，加入灯芯点燃，当时使用各种动物或植物油来当燃料。在公元前 5 世纪，罗马人就使用牛脂或蜂蜡来制作照明工具。不过在发现石油以后，原本的材料逐渐被取代。1846 年，加拿大地质家亚伯拉罕·格斯纳精制出煤油，之后的油灯开始使用煤油作为燃料，1851 年开始出售煤油灯。19 世发明出提炼石油的方法后，照明逐渐改用蜡烛。

　　电灯的发明使人类的照明技术向前迈进一大步。虽然早在 1801 年，英国一名化学家戴维试验用铂丝通电发光，做出最原始的灯泡，但是无法维持太久。爱迪生买下电灯的专利后进行改良，除了在灯泡中抽出空气使灯丝亮更久，他在使用的灯丝材料上也煞费苦心。他试验了 1600 多种材料后，终于在 1879 年 10 月 21 日改用碳丝作为灯丝材料，成功维持 13 个小时，制成世界上第一盏白炽灯，这天也被视为电灯发明纪念日。后来，爱迪生改用竹丝作为灯丝材料，成功地在实验室维持发光 1200 小时。与此同时，爱迪生又开设发电厂，架设电线，使电灯能够普及至每个家庭，从此人类进入电灯照明的时代。

　　发明家继续改进电灯的照明，1906 年通用电气公司发明了钨丝灯泡，是原本白炽灯亮度的 3 倍。1959 年发明的卤钨灯，不仅提高了原本白炽灯的寿命，而且照明效果更好。

1940 年代，日光灯问世，后来又开发出省电灯泡。1993 年，日亚化学工业株式会社员工中村修二制造出蓝光 LED。节能又明亮的白光 LED 灯也开发出来，成光效率比白炽灯要高上不少，成为现代使用的主要照明灯具。

40 万年前

在北京人遗址的洞穴中发现的 40 万年前使用火的"迹象"。

1851 年

使用煤油灯成为当时的重要照明方式。

1879 年

10 月 21 日，爱迪生成功改良白炽灯泡并维持发光 13 小时，开启了电灯照明革命。

1993 年

LED 灯问世以后，成为现代最主要的照明灯具。

科学充电站

电灯通电为什么会发光？

爱迪生发明的白炽灯原理是将灯丝通电后加热到白炽状态来产生光源，故称为白炽灯。由于灯丝导电不好而且电阻较大，电流通过灯丝时产生热量，使得灯丝的温度上升至2000摄氏度以上。灯丝加热至白炽状

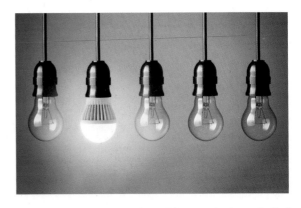

态时，会产生热辐射并发出光芒，就像烧红的铁能发光一样。灯丝的温度越高，则发出的光芒就越亮。

最早，爱迪生是用竹子制作的碳丝产生热并发光，而现代的白炽灯泡中使用的都是钨丝。由于钨丝熔点达3000多摄氏度，不易烧断，灯泡有较长的寿命。

白炽灯的寿命跟灯丝的温度有关，因为温度越高，灯丝就越容易升华而变细。当钨丝升华到比较细时，很容易被烧断，从而结束灯泡的寿命。为了保护钨丝，玻璃灯泡内会抽出空气让灯丝保持在真空状态，或是充入低压的氮气或惰性气体，防止灯丝在高温之下氧化，使灯泡的寿命更长久。

大部分的白炽灯泡会把能量消耗中的90%转化成无用的热能，只有少于10%的能量会变成光。现在大多数使用能量转换效率较好的LED灯来照明。

笔芯灯泡

　　爱迪生发现用碳化纤维做灯丝能够稳定地发光。笔芯里面也有碳，可以拿来做灯泡的灯丝喔。

把小玻璃瓶倒扣在笔芯灯丝上，让锡箔纸导线接上电池通电后，笔芯就会发光喽！

材料

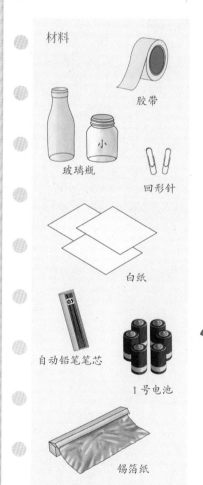

胶带

玻璃瓶

回形针

白纸

自动铅笔笔芯

1号电池

锡箔纸

步骤

1 把锡箔纸裁成 3 厘米宽的细条，并且从长边对折两次做成细条状。这就是两条连接电路用的导线。

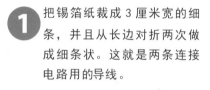

2 把两条锡箔导线的一端接上回形针，并用胶带固定。

3 把回形针用胶带固定在大玻璃瓶的瓶口，并且把笔芯插在两个回形针之间，折掉多余的部分。

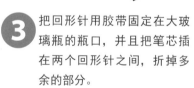

4 把 6 节 1 号电池以同一方向串联排好，可以用 A4 白纸将电池卷起来包好，用胶带固定。

如何创造

凉爽的环境？

贾昆居住在沙漠城市中，在这样日夜温差大的干燥环境里，大部分建筑都是用厚重的泥土坯建造的。贾昆的房子有着高耸的墙壁和很高的屋顶，这样可以让地上房屋阴影的面积更大。为了避免阳光直射，窗户都开在远离日照的一面，而且做得很小，导致室内因为通风不良时常又闷又热。

"我觉得每天都快要被热死了，为什么太阳的温度不能再低一些呢？这样的温度是想烤熟我们吗？"贾昆坐在地上，拍

天啊！热死啦！只想躲
在阴凉的地方。

着肚皮抱怨，"这房子白天就跟烤箱一样，好热啊。"

贾昆是这里最有钱的商人，但是特别怕热，希望能让室内变得凉快一些。这天他感觉很热不想走动，于是就和小女儿艾文、大女儿贾南一起待在家中，讨论解决办法。

"有没有办法可以让温度降低一点？唉，这么热，根本动都不想动啊。"贾昆抱怨道。

"外面虽然有风，但是……"贾南用手在脸颊旁边做出扇风的动作，但是一点也没有感觉到凉快。

"白天的风太热！我宁可躲在房子里面也不要吹那么热的风。"贾昆说着叹了一口气。

"水池那里的风好像比较凉，"艾文说着就闭上眼，"我真想跳进水池，再也不要起来了。"

"那里的风会凉，是因为它吹过水面的时候被降温了。不

过那个水池离我们家有一段距离，走过去，吹一会风再走回来，我看我们都快晒干了吧。"贾昆说。

"如果空气变凉的话，吹出来的风肯定会比较凉快。如果把我们家搬到水池旁边，就不会这么热了吧！"艾文嚷嚷着。

"这怎么可能呢？"贾南说，"搬到那么远的地方去，我们要怎么做生意呢？"

"那么，就把水池搬过来吧！"

"你不要想得这么天真……"

"对啊！这个方法也许可行。"此刻忽然有个点子在贾昆脑海出现。

"如果我们在屋顶上做一个中空像烟囱但是比烟囱粗的柱子，从室内向上伸出，然后在柱子两端迎风的方向开个洞，风吹过来时，就

能让新鲜空气顺那个洞而下。在洞口附近再放一桶冰凉的水，这样风吹过水面再吹到室内，就会有凉风了。"贾昆指手画脚地说。

"这么说，新鲜的空气确实会从那根柱子里流通进来……"贾南认真思考，"那室内的空气，也要有地方排出才行。"

"这很简单，我们可以在那根柱子背风的一面再开个洞，让室内空气排出。"贾昆站了起来，充满自信地拍拍肚皮，发出响亮的声音。

他迫不及待地开始施工，将他的构想付诸实践。装置完成以后，真的改善了室内的通风。之后有人又改进了他的设计，让风先吹过预先储藏的冰凉水面再吹进室内，缓解炎热的效果十分显著。这种装置被人称作"招风斗"，在炎热的沙漠地区传播开来，成为家家户户常见的设施。

这样果然变凉快多了。

科学大发明——空调

　　约公元前 1000 年的波斯人就在屋顶装置招风斗，缓解屋内的闷热，这是最早的空调系统。19 世纪时，英国科学家法拉第发现压缩及液化某种气体可以用于空气降温。1842 年，美国医生约翰·戈里因病患感染疟疾发高烧，于是他尝试性地做出一个可以压缩空气的引擎，这个机器吸入空气后先压缩，接着空气膨胀且降温后再让它通过管道，最后成功地降低了医院的室内温度，约翰·戈里也在 1851 年得到第一个制冰机器的专利。

　　1881 年，美国第 20 任总统詹姆斯·艾伯拉姆·加菲尔德被人用左轮手枪朝背部射了两枪。为了帮助受伤的总统降低温度，天文学家西蒙·纽科夫在总统的病房里安置了降温设施，让风扇的风从冰桶吹过，他为此总共使用了大约 6 吨的冰块，每小时消耗数百磅的冰把房间的温度从 35℃降到 24℃。

1899 年，阿尔弗雷德·沃尔夫在纽约康奈尔医学院的解剖室里装设空气冷却装置。1902 年，美国工程师威利斯·开利在纽约的出版大楼里装设他做出的空气冷却机，他将空气通过有冷却剂的管子里来降低温度，同时也降低了环境的湿度，减少纸张因为水气而产生的变形。

一开始的空调使用氨、氯甲烷之类的有毒气体当作制冷剂，但是如果发生气体泄漏就容易发生事故。1931 年，托马斯·米基利发明了一种氯氟碳气体当制冷剂，叫作氟利昂。虽然这个成分比较安全，但是会破坏大气的臭氧层，现在被不含氯和氟的环保制冷剂替换。

瓦德·索恩在 1932 年制作的索恩室内空调，是第一个窗式空调系统。在 1939 年的世界博览会上，空调首次公开展示，并从此普及起来。1973 年，大金空调发明了第一个分离式空调，成为家用空调的新潮流。

发展简史

公元前 1000 年

波斯人在屋顶装置招风斗，缓解室内闷热。

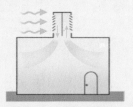

1931 年

托马斯·米基利发明氟利昂。

1932 年

瓦德·索恩发明窗式空调系统。

1973 年

大金空调发明分离式空调。

科学充电站

空调是怎么让室内降温的？

空调系统就是俗称的冷气系统，现代冷气系统的运作必须使用压缩机，所以又称为"压缩式冷气机"。它的主要部分是压缩机和交换器，还有一种最为关键的角色——冷媒。冷媒在管路中，从液体变成气体时会吸热，从气体变成液体时会放热。利用这个原理，可以吸收室内的热量，达到降温的效果，然后再把热量排放到室外去。

冷媒在冷气系统中流动的顺序依次是压缩机、冷凝器、膨胀装置、蒸发器，而后再次进入压缩机开始下一次的循环。压缩机把气体状态的冷媒用机器压缩成高温高压状态。到了冷凝器之后，散热片和风扇会用对流的方式，把冷媒的热量散到室外空气中，并让冷媒变成液体。膨胀装置的功能，是把已经散热，但是还在高压液态的冷媒，降低压力膨胀成固体和液体共存的状态。冷媒流到蒸发器的位置，散热片与风扇会加快对流，让冷媒和室内空气进行交换，冷媒在这个时候会蒸发并且吸热，让室内变得凉爽。最后冷媒再以低温低压的状态回到压缩机进行循环。

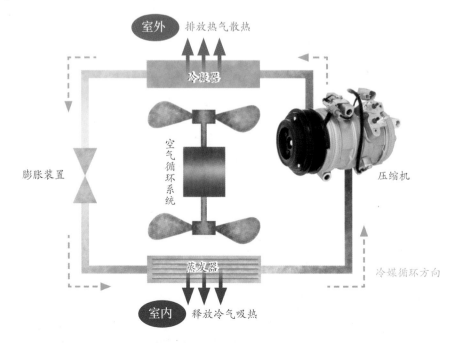

室外　排放热气散热

冷凝器

膨胀装置

空气循环系统

压缩机

蒸发器

室内　释放冷气吸热

冷媒循环方向

气体温度变化

冷媒是一种容易吸热变成气体，又容易放热变成液体的物质，可以通过吸热或是放热来调整温度。我们可以做一个实验来了解这个变化。

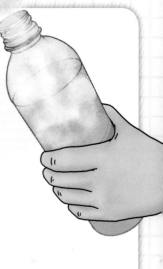

打入大量的气体，感觉橡皮塞快要挤出时，快速拔出橡皮塞，瓶子会有变冷的感觉喔！

步骤

材料

宝特瓶

橡皮塞

打气筒

塑料管子

1 在一个瓶口大小的橡皮塞上挖一个洞，使塑料管子能穿过去，再接到打气筒上。

2 宝特瓶中装一些水，再用橡皮塞塞住瓶口。

3 接着持续往瓶子里打气，用手摸瓶子，看看是不是有温度上升的感觉。

如何建造不倒塌的高楼？

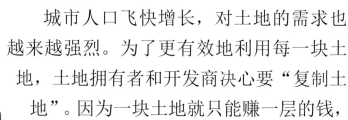

城市人口飞快增长，对土地的需求也越来越强烈。为了更有效地利用每一块土地，土地拥有者和开发商决心要"复制土地"。因为一块土地就只能赚一层的钱，如果你将这块土地复制好几份往上堆积，那么你就能够赚到比原来多好几倍的收入。而"复制土地"最好的办法，就是把房子一层一层往上加高。但是该怎么把房子加高，并让它不会倒塌呢？

威廉是学成回国的建筑设计师，

终于到了他可以一展抱负的时候了。他知道如果房子不够坚固，遇到强风或地震的时候就会被破坏，但是从另一个角度来看，也是因为坚硬的材料才容易被折断，如果使用具有弹性、折不断的材料来建造房屋，或许就可以避免这个问题。威廉想象一种像是橡皮糖一样有弹性的建筑，在强风之中摇摆，又在地震之下晃动，最后都因自身弹性恢复原来的样子而不倒塌。他觉得这个想法以现今科技似乎做得出来。但他又想到自己常常晕船，如果在房子里面摇来摇去，可能就如海上的波浪令人头晕、想吐，强风来袭时可能就像遇到暴风雨的小船。如此一来，大概也没有人能忍受这么大的刺激，就算忍得了，也肯定无法安心工作。

威廉决定放弃弹性建筑的想法，他觉得必须用更有效的方式来进行建筑，而且不能影响到里面人们的生活。他看到树木

到底该怎么盖房子才会稳固呢？

大树向地下扎根
所以屹立不倒，
如果大楼也……

向下扎根得到灵感：如果他把一根木头柱子直接立在地上，那么随便一撞它就会倒。但是如果把木头柱子钉入地下一米，那么要使它倒下就没那么容易。盖房子也可以用这个原理，先在地下挖一个大洞，从地下开始建造，而不是直接建在地面上，这样就可以让房子更牢固。

但是这么做也只解决了一半的问题，如果房子本身的结构太脆弱，仍然无法盖得更高，因为越高的房子，下层就要承载越多的重量，强度不够的话，不用等到强风、地震，房子就垮了。威廉想起他以前看过的比较早期的建筑，都是用石头或砖头建造，用墙壁来承载上层重量。这种结构有局限性，今天我们人类能用的材料不止这些，因此也该想出更好的方法。

威廉左思右想，觉得脑袋都累了，于是打了个呵欠，伸伸懒腰。这时，他忽然想到，当人举起手臂时，除了用肌肉支撑关节维持动作之外，最重要的是手臂内有骨骼作为支撑。如果把房子想象成人的身体，那么能够作为其骨架的，就是足够坚硬又方便生产的钢筋了！威廉开心地跳起来，他想着：有了金属骨架，每一层墙壁产生的负荷就不会转移到下层，而是直接施加在骨架上，这样我们就不需要像以前盖房子一样，不断加厚下层的墙壁来支撑上层了。

　　威廉将自己的想法付诸现实，画好设计蓝图后，在工程作业中指挥工人怎么稳固地打好大楼地基，并且将水泥墙用钢筋支撑。经过多年的施工，威廉总算盖了一栋高耸的摩天大楼，在当时突破了世界记录，吸引了很多人来观看，甚至成为当地著名的地标呢！

科学大发明——摩天大楼

古代石造的房子最多不会超过5层，因为以当时的技术，只能用墙壁来承受上层的重量。当你想盖得更高，墙壁就得建得更厚。盖到第5层时，底层墙壁无论怎么加厚，也无法再支撑更高的建筑了。

到了19世纪，还是很少看到有超过6层的房子，因为没有人想爬那么高的楼梯。1871年10月，芝加哥一个小家庭的粮仓起火，最终酿成摧毁城市的滔天烈焰。在火灾发生前，芝加哥是美国的谷物和畜牧业重地，还是货物的运输中心，也是全国人口排名第二的大城市。1870年到1900年之间，芝加哥人口从29.9万增长到170万，足足翻了5倍，导致地价昂贵，人们恨不得把房子往天上盖，得到更多的使用空间。火灾后重建时，采用新的建筑材料，又归功于电梯的发明和当代的钢铁、混凝土技术，让从前不敢想象的摩天大楼能够出现在这世界上。

1885年位于芝加哥的家庭保险大楼完工，是世界上公认的第一栋摩天大楼。"摩天"的英文skyscraper，其实是指帆船上的高大桅杆或帆，后来演变成描述超高楼的用语。家庭保险大楼是第一个使用钢铁骨架再搭配钢筋混凝土的高楼，最初有10层楼高，之后又增加到12层。

1931年纽约的帝国大厦完工，共有102层，此后挂着世界第一高楼的头衔长达

41 年。之后美国建造出纽约世贸中心、芝加哥西尔斯大楼，一个接一个打破之前的记录。1998 年吉隆坡双峰塔刷新记录，代表着亚洲的崛起。而今天，世界最高的摩天大楼是 2010 年完成的迪拜哈利法塔。

发展简史

1885 年

勒巴隆·詹尼设计的家庭保险大楼在芝加哥完工，是世界上第一幢摩天大楼。

1931 年

纽约的帝国大厦完工，共有 102 层，挂着世界第一高楼的头衔长达 41 年。

1998 年

吉隆坡双峰塔刷新记录，代表着亚洲的崛起。

2010 年

现在世界最高的摩天大楼是迪拜哈利法塔。

科学充电站

为何高耸的摩天大楼即使遇到摇晃仍能稳固？

现代的摩天大楼之所以能盖得那么高，主要是因为钢铁结构的骨架足以支撑墙壁的重量，而且拥有稳定的地基。地基在建筑物的下方，是能够支撑建筑的土体或岩体。在建筑物和地基之间，还有一个连接的部分叫做基础。如果把建筑物看成是人的身体，地基是他接触的地面，那么基础可以看做是他的脚，建筑物通过基础来向地基传递重量的负荷。

如果准备要盖房子的地方原本就具备了良好的地质条件，土层的承载力很强，我们也可以直接采用天然地基。但是如果地质条件不行，或是建筑物本身的负荷太大的时候，就必须做人工的地基处理，使它更坚固，具备更强的承重力。

摩天大楼必须在地震来袭时不会受到破坏，所以还需要施工做防震工程，例如使用悬浮结构，安装减震器、阻尼器等。设计者需要事先了解建筑物和地面的关系，并预测地震造成的影响，才能做出适合的设计。还必须检视建筑物在地震来临时能不能达到法规所规范的参数要求。

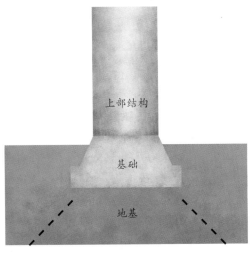

上部结构

基础

地基

牛奶盒摩天大楼

高耸的摩天大楼看起来真壮观！用牛奶盒简单改造一下，来盖一栋自己的摩天大楼吧。

你也能盖出一栋超级摩天大楼！在你盖的摩天大楼表面涂上想要的颜色吧。

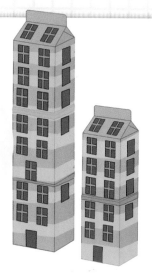

材料

牛奶盒

剪刀

胶带

颜料

美工刀

步骤

1 剪开一个牛奶盒的顶端与另一罐牛奶盒的底部，我们要把它们组合起来变成一栋摩天大楼。如果想盖得更高，可以使用更多的牛奶盒。

2 用美工刀把牛奶盒的侧面割成多个门窗样式，呈现镂空状。

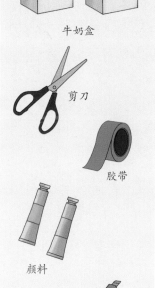

3 把两个牛奶盒上下组合，用胶带黏在一起。